うんこドリル
東京大学との共同研究で
学力向上・学習意欲向上が
実証されました！

JN028403

① 学習効果 UP!↑

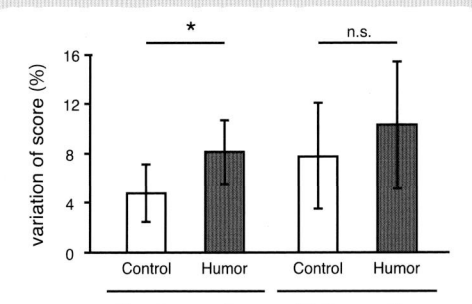

* n.s.

※「うんこドリル」とうんこではないドリルの、正答率の上昇を示したもの。
Control＝うんこではないドリル ／ Humor＝うんこドリル
Reading section＝読み問題 ／ Writing section＝書き問題

オレンジの
グラフが
うんこドリルの
学習効果
なのじゃ！

うんこドリルで学習した
場合の成績の上昇率は、
うんこではないドリルで
学習した場合と比較して
約60%高いという
結果になったのじゃ！

② 学習意欲 UP!↑

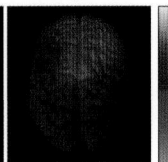

Alpha　Beta　Slow gamma

Relative ∆EEG power

※「うんこドリル」とうんこではないドリルの閲覧時の、脳領域の活動の違いをカラーマップで表したもの。左から「アルファ波」「ベータ波」「スローガンマ波」。明るい部分ほど、うんこドリル閲覧時における脳波の動きが大きかった。

明るくなって
いるところが、
うんこドリルが
優位に働いたところ
なのじゃ！

うんこドリルで学習した
場合「記憶の定着」に
効果的であることが
確認されたのじゃ！

共同研究　東京大学薬学部　池谷裕二教授

1998年に東京大学にて薬学博士号を取得。2002〜2005年にコロンビア大学 (米ニューヨーク) に留学をはさみ、2014年より現職。専門分野は神経生理学で、脳の健康について探究している。また、2018年よりERATO脳AI融合プロジェクトの代表を務め、AIチップの脳移植による新たな知能の開拓を目指している。
文部科学大臣表彰 若手科学者賞 (2008年)、日本学術振興会賞 (2013年)、
日本学士院学術奨励賞 (2013年) などを受賞。

著書：『海馬』『記憶力を強くする』『進化しすぎた脳』
論文：Science 304:559、2004、同誌 311:599、2011、同誌 335:353、2012

先生のコメントはウラへ ⏩

考察　池谷裕二教授より

教育において、ユーモアは児童・生徒を学習内容に注目させるために広く用いられます。先行研究によれば、ユーモアを含む教材では、ユーモアのない教材を用いたときよりも学習成績が高くなる傾向があることが示されていました。これらの結果は、ユーモアによって児童・生徒の注意力がより強く喚起されることで生じたものと考えられますが、ユーモアと注意力の関係を示す直接的な証拠は示されてきませんでした。そこで本研究では9〜10歳の子どもを対象に、電気生理学的アプローチを用いて、ユーモアが注意力に及ぼす影響を評価することとしました。

本研究では、ユーモアが脳波と記憶に及ぼす影響を統合的に検討しました。心理学の分野では、ユーモアが学習促進に役立つことが提唱されていますが、ユーモアが学習における集中力にどのような影響を与え、学習を促すのかについてはほとんど知られていません。しかし、記憶のエンコーディングにおいて遅いγ帯域の脳波が増加することが報告されていることと、今回我々が示した結果から、ユーモアは遅いγ波を増強することで学習促進に有用であることが示唆されます。
さらに、ユーモア刺激によるβ波強度の増加も観察されました。β波の活動は視覚的注意と関連していることが知られていること、集中力の程度は体の動きで評価できることから、本研究の結果からは、ユーモアがβ波強度の増加を介して集中度を高めている可能性が考えられます。

これらの結果は、ユーモアが学習に良い影響を与えるという instructional humor processing theory を支持するものです。

※ J. Neuronet., 1028:1-13, 2020　http://neuronet.jp/jneuronet/007.pdf　　東京大学薬学部　池谷裕二教授

詳しい情報は
こちらをチェック！

10までの かず

かずの 大きさや ならびかたなどに 気を つけて，
10までの かずを 正しく つかえるように なろう。

今日のせいせき
まちがいが

✦ **0~2こ**
よくできたね！

☺ **3~5こ**
できたね

♨ **6こ~**
がんばれ

---

1 うんこと おなじ かずだけ ◯ に いろを ぬりましょう。

①

②

③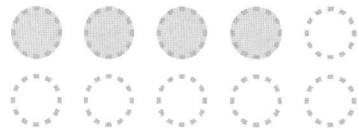

④

---

2 うんこの かずを ▢ に かきましょう。

①

3

②

③

④

1

☁3 うんこの かずを ☐に かきましょう。

①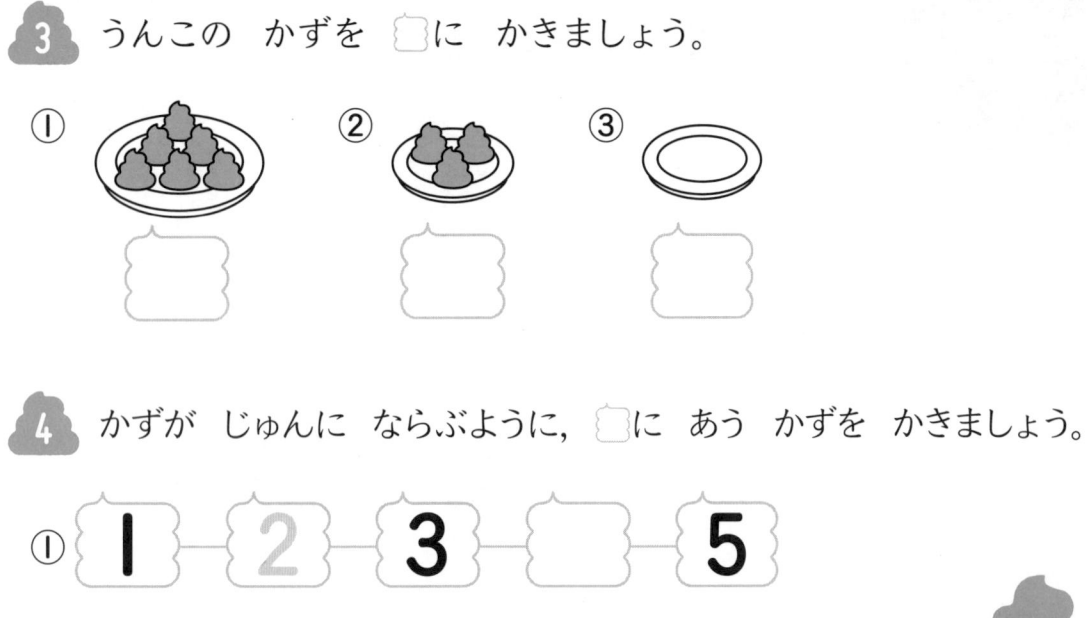
②
③

☐ ☐ ☐

☁4 かずが じゅんに ならぶように, ☐に あう かずを かきましょう。

① 1 — 2 — 3 — ☐ — 5

② 6 — 7 — ☐ — 9 — ☐

空とぶ うんこ

どんな こえで なくのかしら!!!

2

5から 10までの かずは, いくつと いくつに
わけられるかを かんがえよう。

1 あわせて 5に なるように, 上と
下の えを ━━で むすびましょう。

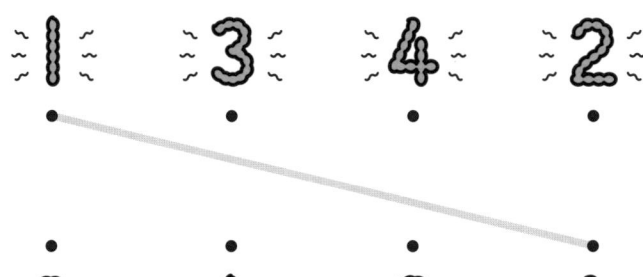

2 あわせて 7に なるように, ☐に かずを かきましょう。

① | 1 | 6 |

② | 4 | |

③ | | 5 |

④ | | 2 |

3 あわせて 10に なるように, 上の うんこと
下の かずを ━━で むすびましょう。

8   3   5

4 つぎの かずは, いくつと いくつですか。□に かずを かきましょう。

① 5は, 3と [2]　② 6は, 2と [ ]　③ 8は, 4と [ ]

④ 10は, 2と [ ]　⑤ 9は, 3と [ ]　⑥ 7は, 5と [ ]

⑦ 10は, 7と [ ]　⑧ 9は, 4と [ ]　⑨ 5は, 1と [ ]

⑩ 6は, 3と [ ]　⑪ 9は, 1と [ ]　⑫ 10は, 9と [ ]

テストに 出る うんこ

ウソか ホントか!?
せかいの ふしぎ うんこ

天まで とどく うんこ

のぼったら おりられ ないよ!!!

2

4

１０までの たしざん①

🧔💩 いくつと いくつを たすのか, はじめの うちは
うんこの かずで かんがえながら けいさんしよう。

1 たしざんを しましょう。

① $2 + 3 = \boxed{5}$

② $1 + 3 = \boxed{}$ ③ $2 + 2 = \boxed{}$

④ $4 + 1 = \boxed{}$ ⑤ $2 + 1 = \boxed{}$

⑥ $3 + 2 = \boxed{}$ ⑦ $1 + 1 = \boxed{}$

2 たしざんを しましょう。

① $2 + 5 = \boxed{7}$

② $5 + 1 = \boxed{}$ ③ $5 + 3 = \boxed{}$

④ $4 + 5 = \boxed{}$ ⑤ $5 + 2 = \boxed{}$

3 たしざんを　しましょう。

① 2 + 4 = $\boxed{6}$

② 4 + 4 = $\boxed{}$

③ 4 + 3 = $\boxed{}$

④ 3 + 3 = $\boxed{}$

⑤ 4 + 2 = $\boxed{}$

⑥ 3 + 4 = $\boxed{}$

⑦ 1 + 5 = $\boxed{}$

⑧ 1 + 4 = $\boxed{}$

⑨ 3 + 1 = $\boxed{}$

⑩ 3 + 5 = $\boxed{}$

うんこ文章題に
チャレンジ！
1

うんこボーイが, うんこを　がまん　しながら　モンスターと
たたかって　います。これまでに　5ひき　たおしました。
あと　4ひき　のこって　います。
モンスターは　はじめ　なんびき　いましたか。

しき

こたえ ＿＿＿＿＿ ひき

▲うんこボーイ　　▲モンスター　　▲モンスター

10までの たしざん②

ある かずに ０を たしても，０に ある かずを たしても，こたえは ある かずに なるよ。

1 たしざんを しましょう。

① 6 + 3 = 9

② 8 + 1 =

③ 7 + 2 =   ④ 6 + 1 =

⑤ 6 + 2 =   ⑥ 7 + 1 =

2 たしざんを しましょう。

① 7 + 3 = 10

② 6 + 4 =

③ 5 + 5 =   ④ 1 + 9 =

⑤ 8 + 2 =   ⑥ 3 + 7 =

3 たしざんを しましょう。

① 3 + 0 = 3

② 5 + 0 = [ ]

③ 0 + 4 = [ ]

④ 0 + 2 = [ ]

⑤ 8 + 0 = [ ]

⑥ 7 + 0 = [ ]

⑦ 0 + 1 = [ ]

⑧ 9 + 0 = [ ]

⑨ 0 + 6 = [ ]

うんこ文章題に
チャレンジ！
2

　こうえんで, うんこを かこんで おどって いる
人が 6人 います。さらに 2人が おどりはじめました。
うんこを かこんで おどって いる 人は,
みんなで なん人に なりましたか。

（しき）

（こたえ）＿＿＿＿人

5 10までの たしざん③

いくつと いくつを たすのかが わからなかったら,
うんこを かいて かんがえて みよう。

1 たしざんの こたえが 10に なるように
しきを つくります。 □に かずを かきましょう。

① 1 + 9

② 3 + □

③ □ + 6

④ □ + 8

⑤ 5 + □

⑥ □ + 4

⑦ □ + 2

⑧ 7 + □

2 たしざんを しましょう。

① 2 + 3 = 5

② 1 + 7

③ 3 + 6

④ 0 + 4

⑤ 6 + 2

⑥ 9 + 1

⑦ 5 + 0

⑧ 4 + 2

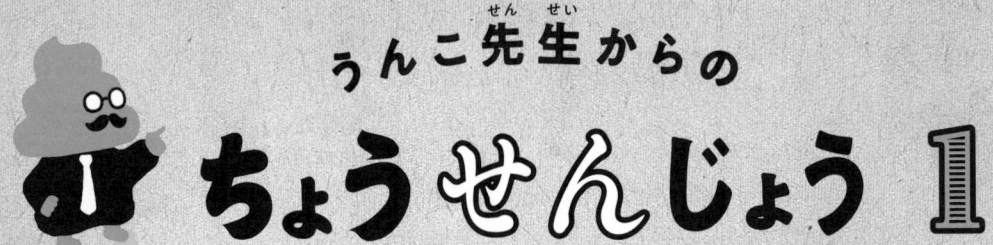

うんこ先生からの ちょうせんじょう 1

~けいさんめいろ~

正しい たしざんの こたえの うんこを とおって，ゴールまで いこう。

スタート

🪨 は
とおれないのじゃ！

1 + 2

3

6

3 + 4

4

7

7

6 + 2

8

9

9

7 + 3

10

10

8

0

0 + 5

5

ゴール

10

6 かくにんテスト 1

□ てん

1 うんこの かずを □に かきましょう。 〈1つ 2てん〉

 ①    ②

 ③    ④

2 かずが 大きい ほうの □に ○を かきましょう。 〈1つ 2てん〉

 ①    ②

3 あわせて 10に なるように, 上と 下の えを ●—● で むすびましょう。 〈ぜんぶ できて 10てん〉

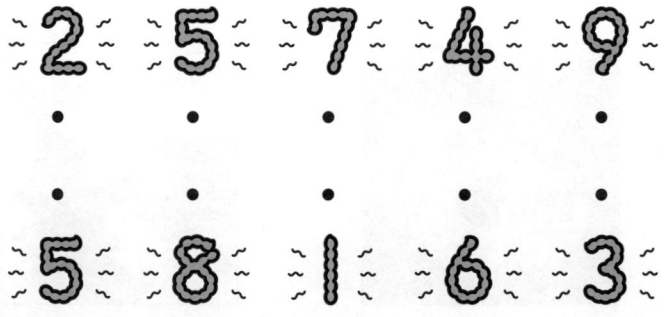

2   5   7   4   9

5   8   1   6   3

4 たしざんを しましょう。

〈1つ 2てん〉

① 2＋2　　　② 3＋4　　　③ 1＋5

④ 2＋6　　　⑤ 3＋3　　　⑥ 7＋0

⑦ 2＋8　　　⑧ 5＋4　　　⑨ 1＋0

⑩ 4＋4　　　⑪ 9＋1　　　⑫ 2＋1

⑬ 3＋5　　　⑭ 7＋2　　　⑮ 4＋3

⑯ 2＋4　　　⑰ 7＋3　　　⑱ 8＋1

⑲ 3＋6　　　⑳ 0＋3　　　㉑ 5＋5

㉒ 4＋6

5 つぎの 「せかいの ふしぎうんこ」の
うち,「空とぶ うんこ」は どちらですか。

〈34てん〉

あ 　　　い

7

20までの かず

10より 大きい かずを しろう。10と いくつと かんがえるように すると，わかりやすいよ。

1 うんこの かずを 〔 〕に かきましょう。

① 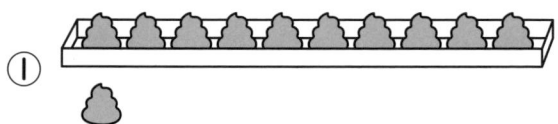  〔 11 〕

② 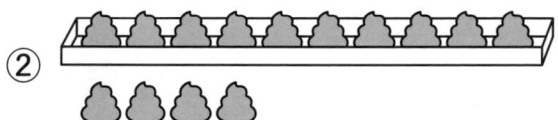  〔 〕

③ 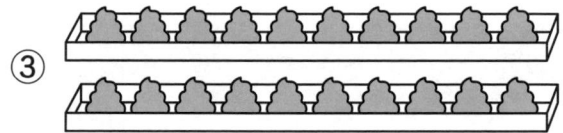  〔 〕

2 〔 〕に あう かずを かきましょう。

① 10と 2で，〔 12 〕

② 10と 4で，〔 〕　　③ 10と 7で，〔 〕

④ 16は，10と 〔 〕　　⑤ 20は，10と 〔 〕

3 かずが じゅんに ならぶように，
◻ に あう かずを かきましょう。

① 11 ― ◻ ― 13 ― ◻ ― 15

② 16 ― 17 ― ◻ ― 19 ― ◻

4 かずが 大きい ほうの ◻ に 〇を かきましょう。

① 16　19
◻　◻

② 20　18
◻　◻

ウソか ホントか!?
せかいの
ふしぎ うんこ

しゃべる うんこ

オハヨ…
オハヨ…
オハヨ…
オハヨ…

こんな うんこ
やだー！！！

すこし 大きい かずの たしざん①

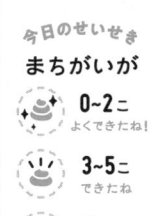

今日のせいせき
まちがいが

0~2こ	よくできたね！
3~5こ	できたね
6こ~	がんばれ

💩 10を こえる かずが ある たしざんだよ。
「10と いくつ」で かんがえて けいさんしよう。

1 たしざんを しましょう。

① $10 + 2 =$ 〔12〕 10と 2で 12。

② $10 + 5 =$ 〔　〕

③ $10 + 3 =$ 〔　〕　　④ $10 + 8 =$ 〔　〕

⑤ $10 + 1 =$ 〔　〕　　⑥ $10 + 4 =$ 〔　〕

2 たしざんを しましょう。

① $13 + 2 =$ 〔15〕
13を「10と 3」に わける。
10は そのままで、3+2を する。

② $14 + 4 =$ 〔　〕

③ $17 + 2 =$ 〔　〕　　④ $11 + 2 =$ 〔　〕

⑤ $15 + 3 =$ 〔　〕　　⑥ $18 + 1 =$ 〔　〕

15

3 たしざんを しましょう。

① 10+7 = 17

② 16+3

③ 17+1

④ 12+2

⑤ 13+3

⑥ 15+1

⑦ 10+9

⑧ 11+4

⑨ 12+5

⑩ 12+6

⑪ 16+2

⑫ 14+1

うんこ文章題に
チャレンジ！
3

　おとうさんが，うんこに シールを 13まい
はりました。ぼくも 4まい はりました。
あわせて なんまいの シールを うんこに
はりましたか。

しき

こたえ＿＿＿＿＿ まい

すこし 大きい かずの たしざん②

まちがえた けいさんは，できるように なるまで やりなおそう。

1 たしざんを しましょう。

① 10＋6 ＝ 16

② 14＋5

③ 13＋1　　　　④ 11＋5

⑤ 12＋4　　　　⑥ 17＋1

⑦ 10＋4　　　　⑧ 16＋3

⑨ 11＋1　　　　⑩ 14＋2

⑪ 15＋4　　　　⑫ 12＋3

⑬ 11＋7　　　　⑭ 15＋2

⑮ 10＋8　　　　⑯ 13＋4

⑰ 12＋5　　　　⑱ 11＋8

うんこ先生からの
ちょうせんじょう 2

~うんこつなぎ~

1から じゅんばんに 💩 を ●━━●で つなごう。

なにが
できるかな？

3つの かずの
たしざん

今日のせいせき
まちがいが
0~2こ よくできたね！
3~5こ できたね
6こ~ がんばれ

 3つの かずの たしざんは，まえから
じゅんばんに けいさんしよう。

1 たしざんを しましょう。

① $1+4+2=7$

1+4で 5

5+2で 7

② $3+1+3$ ③ $2+2+4$

④ $4+4+2$ ⑤ $3+3+3$

⑥ $1+2+1$ ⑦ $1+5+3$

⑧ $3+2+1$ ⑨ $5+2+3$

⑩ $3+6+1$ ⑪ $2+3+2$

⑫ $8+1+1$ ⑬ $4+3+1$

⑭ $2+2+2$ ⑮ $1+4+5$

2 たしざんを しましょう。

① $6+4+3=13$

6+4で 10

10+3で 13

② $3+7+7$

③ $9+1+4$

④ $5+5+5$

⑤ $8+2+2$

⑥ $2+8+6$

⑦ $7+3+1$

⑧ $1+9+9$

⑨ $4+6+8$

うんこ文章題に チャレンジ！ 4

　うんこを あたまに 3こ, 手のひらに 7こ, ひざに 4こ のせました。ぜんぶで なんこの うんこを からだに のせましたか。1つの しきに かいて こたえを もとめましょう。

しき

こたえ ＿＿＿＿ こ

20

てん

---

1 うんこの かずを ☐に かきましょう。 〈1つ 2てん〉

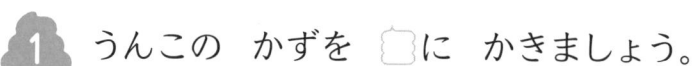

① ☐

② ☐

③ ☐

2 かずが 大きい ほうの ☐に ○を かきましょう。 〈1つ 2てん〉

① 13 12 ☐ ☐

② 18 20 ☐ ☐

3 ☐に あう かずを かきましょう。 〈1つ 2てん〉

① 10と 3で, ☐   ② 15は, 10と ☐

③ 17は, ☐と 7

4 たしざんを しましょう。

〈1つ 2てん〉

① 10＋3   ② 11＋6   ③ 14＋2

④ 16＋3   ⑤ 11＋3   ⑥ 12＋1

⑦ 15＋3   ⑧ 11＋2   ⑨ 10＋5

⑩ 12＋7   ⑪ 13＋2   ⑫ 10＋4

⑬ 18＋1   ⑭ 14＋3   ⑮ 4＋1＋3

⑯ 3＋1＋2   ⑰ 3＋4＋3   ⑱ 7＋2＋1

⑲ 2＋8＋5   ⑳ 1＋9＋6   ㉑ 5＋5＋7

㉒ 3＋7＋9

5 つぎの 「せかいの ふしぎうんこ」の 名まえを 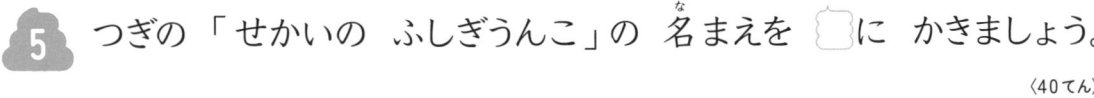に かきましょう。

〈40てん〉

こたえ

◻ ◻ ◻ ◻うんこ

12 くり上がりの ある たしざん①

くり上がりの ある たしざんだよ。たされる かずが あと いくつで 10に なるかを かんがえよう。

1 たしざんを しましょう。

① $9 + 3 = \boxed{12}$

❶ 9は あと 1で 10。

❷ 3を「1と 2」に わける。

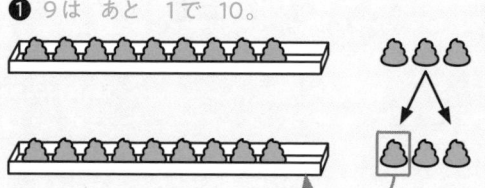

❸ 9と 1で 10。

❹ 10と 2で 12。

② $8 + 6 = $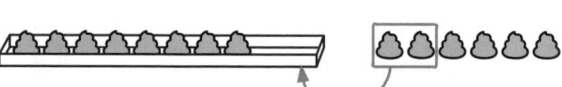

③ $7 + 4 = $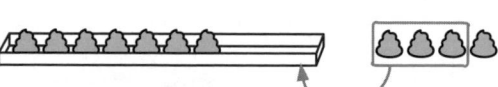

④ $9 + 5 = $

⑤ $8 + 3 = $

⑥ $7 + 6 = $

⑦ $9 + 7 = $

⑧ $8 + 4 = $

⑨ $6 + 5 = $

⑩ $9 + 2 = $

⑪ $7 + 5 = $

2 たしざんを しましょう。

① 9＋4＝13　　② 8＋5　　③ 6＋6

④ 9＋8　　⑤ 8＋7　　⑥ 7＋7

⑦ 8＋8　　⑧ 9＋6　　⑨ 7＋6

⑩ 9＋9　　⑪ 9＋3　　⑫ 8＋6

くり上がりの ある たしざん②

今日のせいせき
まちがいが

✨ 0~2こ
よくできたね！

☺ 3~5こ
できたね

♨ 6こ~
がんばれ

くり上がる たしざんは，10を つくると けいさんしやすいよ。

1 たしざんを しましょう。

① 3 + 8 = 11

② 5 + 7 =

③ 8 + 9 =

④ 4 + 7 =   ⑤ 7 + 9 =

⑥ 6 + 8 =   ⑦ 6 + 7 =

⑧ 7 + 8 =   ⑨ 5 + 9 =

⑩ 2 + 9 =   ⑪ 4 + 8 =

⑫ 5 + 6 =   ⑬ 3 + 9 =

② たしざんを しましょう。

① 6＋9 = 15

② 5＋8

③ 4＋7

④ 7＋9

⑤ 3＋9

⑥ 6＋7

⑦ 2＋9

⑧ 5＋6

⑨ 7＋8

⑩ 4＋9

⑪ 5＋7

⑫ 3＋8

うんこ文章題に
チャレンジ！
5

おじさんが, じぶんの うんこを キーホルダーに して
うって います。6円と 8円の ものを かいました。
あわせて なん円でしたか。

しき

こたえ ＿＿＿＿＿ 円

14 くり上がりの ある たしざん③

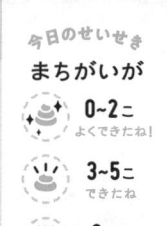

くり上がりの ある たしざんは まちがえやすいよ。
なんかいも れんしゅうしよう。

1 たしざんを しましょう。

① 9＋6＝ 15

② 6＋5

③ 5＋9

④ 7＋7

⑤ 3＋8

⑥ 8＋6

⑦ 7＋5

⑧ 8＋8

⑨ 6＋8

⑩ 5＋6

⑪ 9＋9

⑫ 4＋8

⑬ 8＋5

⑭ 2＋9

⑮ 9＋7

⑯ 8＋9

⑰ 4＋7

⑱ 9＋4

⑲ 6＋6

⑳ 8＋3

㉑ 7＋4

㉒ 9＋8

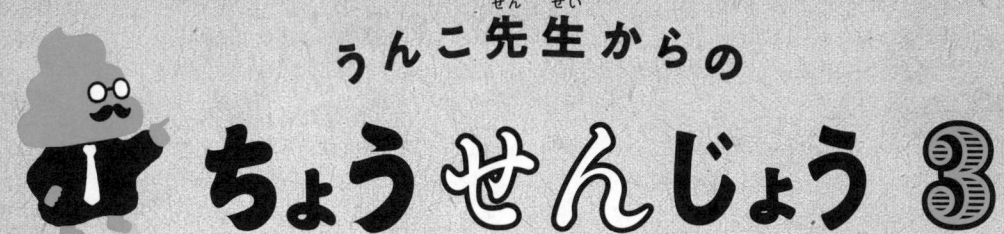

うんこ先生からの

ちょうせんじょう ③

～どんな かお？～

うんこ先生に いろいろな ものを たすと
どう なるかな？ 下の ⓐ～ⓒから えらんで，□□に かこう。

①  ＋ ･ ･　目 ＝ ⌇⌇

② ＋ かみのけ ＝ ⌇⌇

どれに なるかな？

ⓐ　　　　　ⓘ　　　　　ⓤ

えの たしざんを しよう！

28

大きい かず

大きい かずは, 10の まとまりが いくつと, ばらが いくつで かんがえよう。

1 うんこの かずを ◯に かきましょう。

①  ……………… ◯

②  ……… ◯

2 ◯に あう かずを かきましょう。

① 10が 5こと 1が 3こで, ◯

② 10が 10こで, ◯

③ 69は, 10が ◯ こと 1が ◯ こ

④ 80は, 10が ◯ こ

3 かずが 大きい ほうの ◯に ◯を かきましょう。

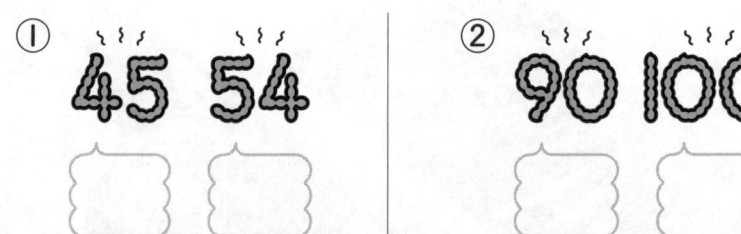

① 45 54

② 90 100

29

 4 下の かずのせんを つかって、□に あう かずを かきましょう。

```
        100          110          120
    |┬┬┬┬|┬┬┬┬|┬┬┬┬|┬┬┬┬|┬┬┬┬|┬┬┬┬|
```

① 100より 3 小さい かずは □

② 110より 7 大きい かずは □

③ 116より 5 小さい かずは □

④ 118より 4 大きい かずは □

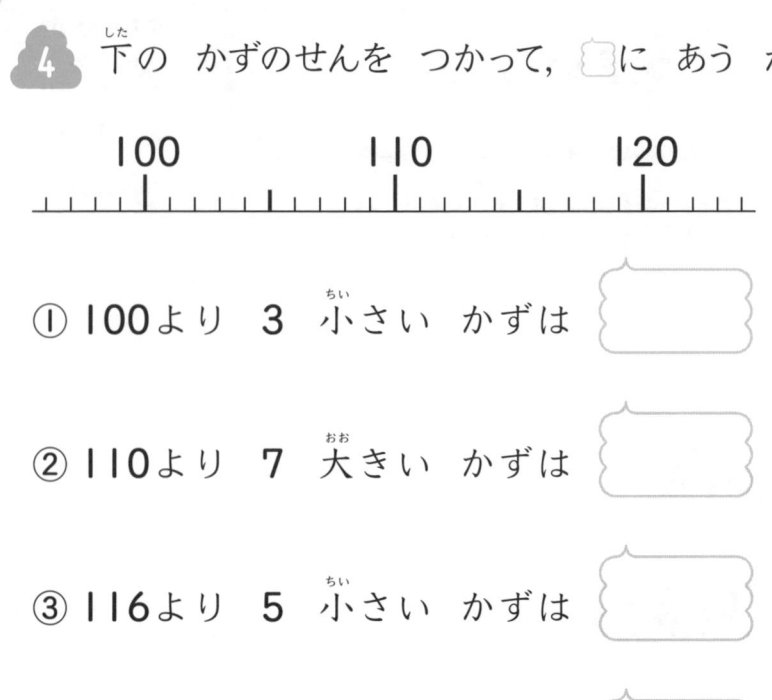

テストに 出る うんこ

せかいの ふしぎ うんこ

ウソか ホントか!?

5

ぜったいに ながれないうんこ

どんな 人が したの!?!?

30

16 大きい かずの たしざん①

💩 大きい かずの たしざんは，10の まとまりや 「なん十」と「いくつ」で かんがえよう。

1 たしざんを しましょう。

10の まとまり 5こと 2こを あわせる。

① 50 + 20 = 70

10の まとまりが 7こで 70。

② 20 + 10 = ☐   ③ 70 + 30 = ☐

④ 30 + 50 = ☐   ⑤ 60 + 40 = ☐

2 たしざんを しましょう。

30と 2を あわせる。

① 30 + 2 = 32

② 60 + 4 = ☐   ③ 20 + 6 = ☐

④ 50 + 1 = ☐   ⑤ 80 + 7 = ☐

3 たしざんを しましょう。

① 40＋50 = *90*　　② 20＋20

③ 60＋8　　　　　④ 40＋9

⑤ 30＋5　　　　　⑥ 50＋50

⑦ 20＋9　　　　　⑧ 30＋60

⑨ 80＋20　　　　⑩ 30＋8

⑪ 90＋10　　　　⑫ 70＋1

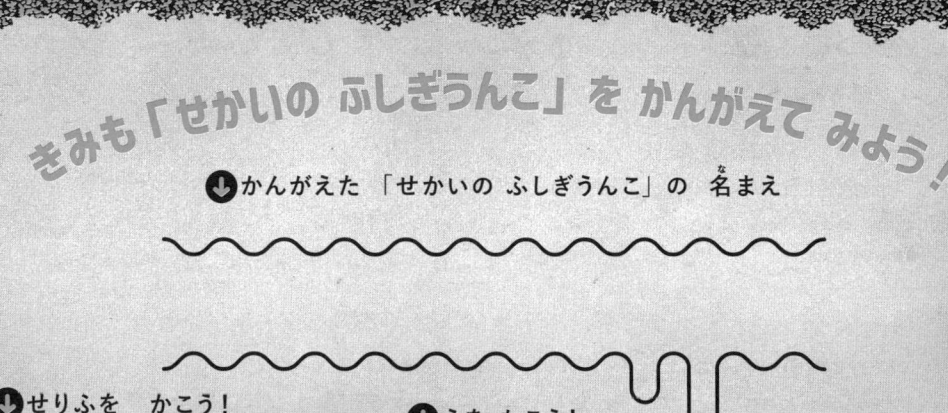

きみも「せかいの ふしぎうんこ」を かんがえて みよう！

↓かんがえた「せかいの ふしぎうんこ」の 名まえ

↓せりふを かこう！　　　↓えを かこう！

大きい かずの たしざん②

大きい かずの けいさんは，なん十いくつを
「なん十」と「いくつ」に わけて かんがえよう。

---

1 たしざんを しましょう。

① $23 + 3 = \boxed{26}$

23を「20と 3」に わける。

3と 3を あわせて 6。

20と 6で 26。

② $35 + 1 = \boxed{}$

③ $42 + 5 = \boxed{}$

④ $55 + 2 = \boxed{}$ ⑤ $81 + 8 = \boxed{}$

⑥ $32 + 3 = \boxed{}$ ⑦ $57 + 1 = \boxed{}$

⑧ $93 + 6 = \boxed{}$ ⑨ $66 + 2 = \boxed{}$

2 たしざんを しましょう。

① 31＋8 ＝ 39

② 27＋2

③ 53＋5

④ 75＋1

⑤ 63＋6

⑥ 82＋4

⑦ 95＋4

⑧ 55＋3

⑨ 22＋6

⑩ 64＋2

⑪ 94＋3

⑫ 48＋1

うんこ文章題に
チャレンジ！
6

うんこを 34こ つかって ベッドを つくりました。
うんこを 5こ つかって まくらを つくりました。
あわせて なんこの うんこを つかいましたか。

しき

こたえ ＿＿＿＿＿ こ

大きい かずの たしざん③

今日のせいせき
まちがいが

0~2こ
よくできたね!

3~5こ
できたね

6こ~
がんばれ

まちがえた けいさんは，できるように なるまで
なんども れんしゅうしよう。

1 たしざんを しましょう。

① 40＋30 ＝ 70

② 87＋2

③ 25＋3

④ 65＋4

⑤ 52＋6

⑥ 20＋40

⑦ 50＋4

⑧ 92＋7

⑨ 41＋7

⑩ 30＋70

⑪ 20＋80

⑫ 45＋3

⑬ 54＋2

⑭ 60＋1

⑮ 42＋2

⑯ 70＋7

⑰ 70＋20

⑱ 50＋6

⑲ 22＋2

⑳ 40＋60

㉑ 75＋4

㉒ 90＋6

うんこ先生からの
ちょうせんじょう 4

~うんこけしゲーム~

うんこが たくさん おちて いる！ この うんこは 2つ あわせて
10に すると けす ことが できるよ。うんこを すべて けそう。

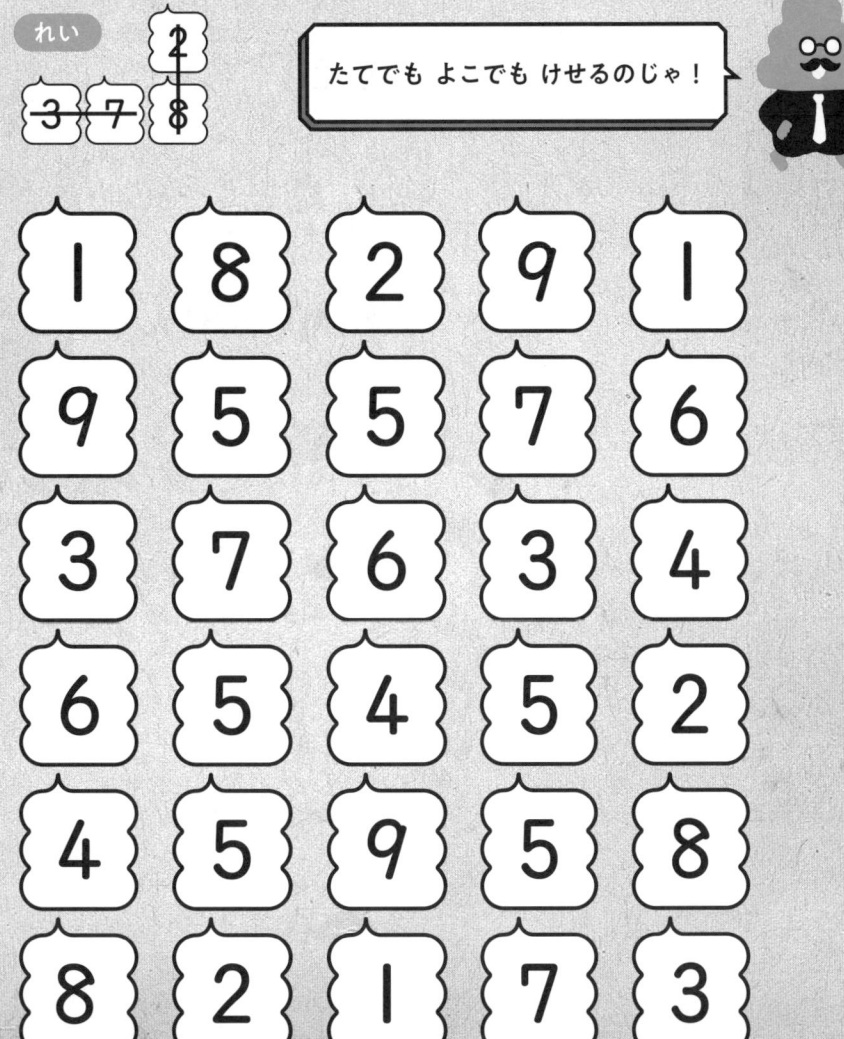

れい

3 7 8

たてでも よこでも けせるのじゃ！

1	8	2	9	1
9	5	5	7	6
3	7	6	3	4
6	5	4	5	2
4	5	9	5	8
8	2	1	7	3

19 かくにんテスト 3

てん

 1 たしざんを しましょう。

〈1つ 2てん〉

① 9＋3　　　② 8＋4　　　③ 7＋7

④ 5＋6　　　⑤ 9＋4　　　⑥ 8＋8

⑦ 8＋3　　　⑧ 4＋7　　　⑨ 6＋6

⑩ 7＋5　　　⑪ 8＋6　　　⑫ 2＋9

⑬ 9＋7　　　⑭ 5＋8　　　⑮ 5＋9

⑯ 7＋6　　　⑰ 8＋9　　　⑱ 7＋8

⑲ 6＋5　　　⑳ 9＋9　　　㉑ 3＋9

㉒ 6＋8　　　㉓ 9＋6　　　㉔ 7＋4

2 かずが 大きい ほうの □に ○を かきましょう。

〈1つ 2てん〉

①  52 47

□ □

② 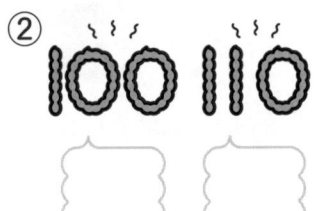 100 110

□ □

3 たしざんを しましょう。

〈1つ 2てん〉

① 60＋30　　② 88＋1　　③ 44＋5

④ 90＋9　　⑤ 25＋2　　⑥ 80＋20

⑦ 40＋8　　⑧ 83＋1　　⑨ 56＋2

⑩ 61＋6　　⑪ 70＋30　　⑫ 45＋4

⑬ 80＋6　　⑭ 50＋50

4 つぎの かげは, どちらの 「せかいの ふしぎうんこ」ですか。

〈20てん〉

あ うんこ おとこ

い ぜったいに
ながれない うんこ

まとめテスト
1年生の たしざん

てん

① たしざんを しましょう。　　　〈1つ 2てん〉

① $4+2$　　　② $7+1$　　　③ $6+3$

④ $2+2$　　　⑤ $5+0$　　　⑥ $9+1$

⑦ $3+4$　　　⑧ $0+7$　　　⑨ $6+4$

⑩ $4+5$　　　⑪ $10+4$　　　⑫ $13+3$

⑬ $12+7$　　　⑭ $10+5$　　　⑮ $11+6$

⑯ $14+3$　　　⑰ $2+3+4$　　　⑱ $5+1+2$

⑲ $6+2+2$　　　⑳ $3+4+3$

㉑ $7+3+7$　　　㉒ $2+8+5$

㉓ $5+5+8$　　　㉔ $9+1+2$

2 たしざんを しましょう。

〈1つ 2てん〉

① 5+8 　　② 9+5 　　③ 7+8

④ 9+6 　　⑤ 5+7 　　⑥ 7+7

⑦ 6+8 　　⑧ 9+2 　　⑨ 30+20

⑩ 70+9 　　⑪ 71+5 　　⑫ 40+40

⑬ 33+4 　　⑭ 20+5

⑮ 60+40 　　⑯ 42+7

⑰ 80+5 　　⑱ 56+3

 3 つぎの うち,「せかいの ふしぎうんこシリーズ」に
出て こなかったのは どれですか。

〈16てん〉

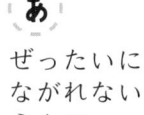

あ
ぜったいに
ながれない
うんこ

い
天まで とどく
うんこ

う
けむくじゃらの
うんこ

え
しゃべる
うんこ

答え

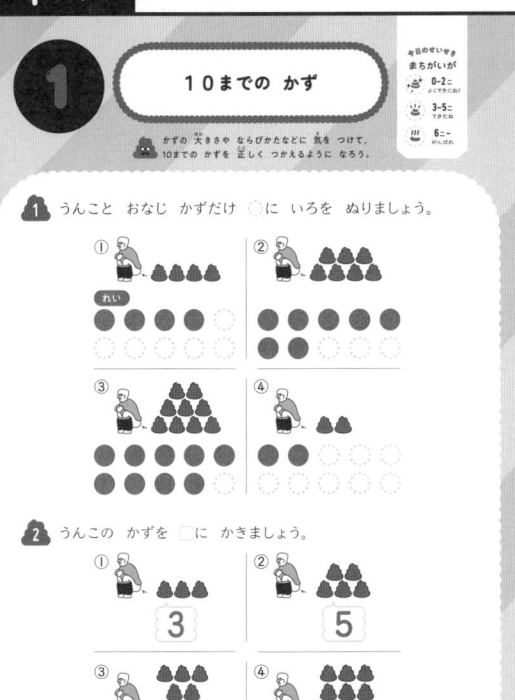

1 10までの かず

かずの 大きさや ならびかたなどに 気を つけて、10までの かずを 正しく つかえるように なろう。

今日のせいせき まちがいが
0-2こ よくできたね！
3-5こ できたね
6こ～ がんばれ

1 うんこと おなじ かずだけ ◯ に いろを ぬりましょう。
① ② ③ ④
れい

2 うんこの かずを □ に かきましょう。
① 3 ② 5 ③ 8 ④ 10

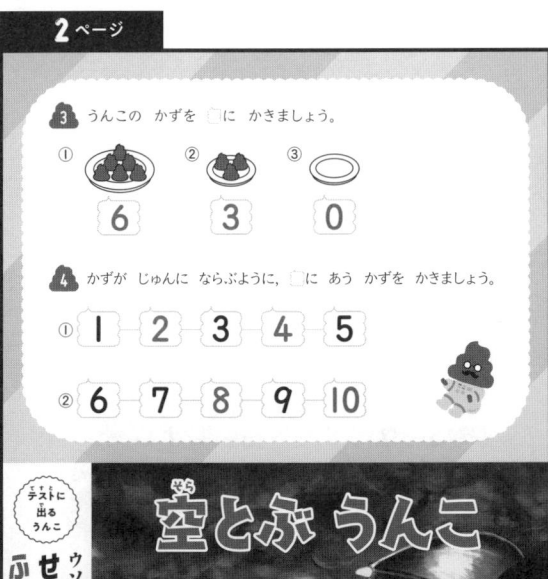

3 うんこの かずを □ に かきましょう。
① 6 ② 3 ③ 0

4 かずが じゅんに ならぶように、□ に あう かずを かきましょう。
① 1 2 3 4 5
② 6 7 8 9 10

テストに出るうんこ ウソか ホントか!? せかいの ふしぎ うんこ
空とぶ うんこ
どんな こえで なくのかしら！！！
1

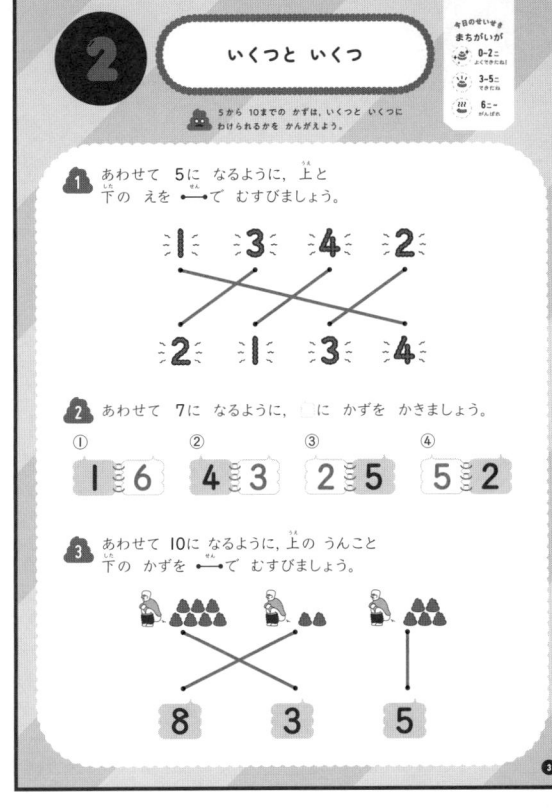

2 いくつと いくつ

1から 10までの かずは、いくつと いくつに わけられるかを かんがえよう。

今日のせいせき まちがいが
0-2こ よくできたね！
3-5こ できたね
6こ～ がんばれ

1 あわせて 5に なるように、上と 下の えを ━━ て むすびましょう。
1 3 4 2
2 1 3 4

2 あわせて 7に なるように、□ に かずを かきましょう。
① 1 6 ② 4 3 ③ 2 5 ④ 5 2

3 あわせて 10に なるように、上の うんこと 下の かずを ━━ て むすびましょう。
8 3 5

4 つぎの かずは、いくつと いくつですか。□ に かずを かきましょう。
① 5は、3と 2 ② 6は、2と 4 ③ 8は、4と 4
④ 10は、2と 8 ⑤ 9は、3と 6 ⑥ 7は、5と 2
⑦ 10は、7と 3 ⑧ 9は、4と 5 ⑨ 5は、1と 4
⑩ 6は、3と 3 ⑪ 9は、1と 8 ⑫ 10は、9と 1

テストに出るうんこ ウソか ホントか!? せかいの ふしぎ うんこ
天まで とどく うんこ
のぼったら おりられ ないよ！！！
2

41

答え

3 10までの たしざん①

今日のせいせき まちがいが
- 0～2こ よくできたね!
- 3～5こ できたね
- 6こ～ がんばれ

いくつと いくつを たすのか、はじめの うちは
うんこの かずで かんがえながら けいさんしよう。

1 たしざんを しましょう。

① 2 + 3 = 5

② 1 + 3 = 4   ③ 2 + 2 = 4

④ 4 + 1 = 5   ⑤ 2 + 1 = 3

⑥ 3 + 2 = 5   ⑦ 1 + 1 = 2

2 たしざんを しましょう。

① 2 + 5 = 7

② 5 + 1 = 6   ③ 5 + 3 = 8

④ 4 + 5 = 9   ⑤ 5 + 2 = 7

4 10までの たしざん②

今日のせいせき まちがいが
- 0～2こ よくできたね!
- 3～5こ できたね
- 6こ～ がんばれ

ある かずに 0を たしても、0に ある かずを
たしても、こたえは ある かずに なるよ。

1 たしざんを しましょう。

① 6 + 3 = 9

② 8 + 1 = 9

③ 7 + 2 = 9   ④ 6 + 1 = 7

⑤ 6 + 2 = 8   ⑥ 7 + 1 = 8

2 たしざんを しましょう。

① 7 + 3 = 10

② 6 + 4 = 10

③ 5 + 5 = 10   ④ 1 + 9 = 10

⑤ 8 + 2 = 10   ⑥ 3 + 7 = 10

---

3 たしざんを しましょう。

① 2 + 4 = 6   ② 4 + 4 = 8

③ 4 + 3 = 7   ④ 3 + 3 = 6

⑤ 4 + 2 = 6   ⑥ 3 + 4 = 7

⑦ 1 + 5 = 6   ⑧ 1 + 4 = 5

⑨ 3 + 1 = 4   ⑩ 3 + 5 = 8

うんこ文章題に チャレンジ! 1

うんこボーイが、うんこを がまん しながら モンスターと
たたかって います。これまでに 5ひき たおしました。
あと 4ひき のこって います。
モンスターは はじめ なんびき いましたか。

しき　5 + 4 = 9

こたえ　9 ひき

▲うんこボーイ　▲モンスター　▲モンスター

---

3 たしざんを しましょう。

① 3 + 0 = 3

② 5 + 0 = 5   ③ 0 + 4 = 4

④ 0 + 2 = 2   ⑤ 8 + 0 = 8

⑥ 7 + 0 = 7   ⑦ 0 + 1 = 1

⑧ 9 + 0 = 9   ⑨ 0 + 6 = 6

うんこ文章題に チャレンジ! 2

こうえんで、うんこを かこんで おどって いる
人が 6人 います。さらに 2人が おどりはじめました。
うんこを かこんで おどって いる 人は、
みんなで なん人に なりましたか。

しき　6 + 2 = 8

こたえ　8 人

答え

5 10までの たしざん③

いくつと いくつを たすのかが わからなかったら、うんこを かいて かんがえて みよう。

今日のせいせきが
まちがいが
🐾 0～2こ よくできたね！
🐾 3～5こ できたね
🐾🐾🐾 6こ～ がんばれ

1 たしざんの こたえが 10に なるように しきを つくります。□に かずを かきましょう。

① 1 + **9**　② 3 + **7**　③ 4 + **6**
④ 2 + **8**　⑤ 5 + **5**　⑥ 6 + **4**
⑦ 8 + **2**　⑧ 7 + **3**

2 たしざんを しましょう。

① 2 + 3 = **5**　② 1 + 7 = **8**
③ 3 + 6 = **9**　④ 0 + 4 = **4**
⑤ 6 + 2 = **8**　⑥ 9 + 1 = **10**
⑦ 5 + 0 = **5**　⑧ 4 + 2 = **6**

⑨

6 かくにんテスト 1

　　　　てん

今日のせいせきが
まちがいが
🐾 0～2こ よくできたね！
🐾 3～5こ できたね
🐾🐾🐾 6こ～ がんばれ

1 うんこの かずを □に かきましょう。　（1つ 2てん）

① **4**　② **7**
③ **6**　④ **10**

2 かずが 大きい ほうの □に ○を かきましょう。　（1つ 2てん）

① 4 3 → **○**
② 6 9 → **○**

3 あわせて 10に なるように、上と 下の えを ── で むすびましょう。　（ぜんぶ できて 10てん）

2 5 7 4 9
5 8 1 6 3

⑪

うんこ先生からの
ちょうせんじょう 1

~けいさんめいろ~

正しい たしざんの こたえの うんこを とおって、ゴールまで いこう。

スタート

💩は とおれないのじゃ！

1 + 2
4
3 + 4
6 + 2
9
7 + 3
10
0 + 5
8
ゴール

⑩

4 たしざんを しましょう。　（1つ 2てん）

① 2 + 2 = **4**　② 3 + 4 = **7**　③ 1 + 5 = **6**
④ 2 + 6 = **8**　⑤ 3 + 3 = **6**　⑥ 7 + 0 = **7**
⑦ 2 + 8 = **10**　⑧ 5 + 4 = **9**　⑨ 1 + 0 = **1**
⑩ 4 + 4 = **8**　⑪ 9 + 1 = **10**　⑫ 2 + 1 = **3**
⑬ 3 + 5 = **8**　⑭ 7 + 2 = **9**　⑮ 4 + 3 = **7**
⑯ 2 + 4 = **6**　⑰ 7 + 3 = **10**　⑱ 8 + 1 = **9**
⑲ 3 + 6 = **9**　⑳ 0 + 3 = **3**　㉑ 5 + 5 = **10**
㉒ 4 + 6 = **10**

5 つぎの 「せかいの ふしぎうんこ」の うち、「空とぶ うんこ」は どちらですか。　（34てん）

あ

い

⑫

答え

13ページ

7 20までの かず

10より 大きい かずを しろう。10と いくつと かんがえるように すると、わかりやすいよ。

1 うんこの かずを □に かきましょう。
① 11
② 14
③ 20

2 □に あう かずを かきましょう。
① 10と 2で、12 と
② 10と 4で、14　③ 10と 7で、17
④ 16は、10と 6　⑤ 20は、10と 10

14ページ

3 かずが じゅんに ならぶように、□に あう かずを かきましょう。
① 11-12-13-14-15
② 16-17-18-19-20

4 かずが 大きい ほうの □に ○を かきましょう。
① 16 19 → ○
② 20 18 → ○

テストに出るうんこ しゃべる うんこ
ウソか ホントか!? せかいの ふしぎ うんこ
こんな うんこ やだー!!!
オハヨ オハヨ オハヨ

3

15ページ

8 すこし 大きい かずの たしざん①

10を こえる かずが ある たしざんだよ。「10と いくつ」で かんがえて けいさんしよう。

1 たしざんを しましょう。
① 10+2＝12　10と 2で 12。
② 10+5＝15
③ 10+3＝13　④ 10+8＝18
⑤ 10+1＝11　⑥ 10+4＝14

2 たしざんを しましょう。
① 13+2＝15　13を「10と 3」に わける。10は そのままで、3+2を する。
② 14+4＝18
③ 17+2＝19　④ 11+2＝13
⑤ 15+3＝18　⑥ 18+1＝19

16ページ

3 たしざんを しましょう。
① 10+7＝17　② 16+3＝19
③ 17+1＝18　④ 12+2＝14
⑤ 13+3＝16　⑥ 15+1＝16
⑦ 10+9＝19　⑧ 11+4＝15
⑨ 12+5＝17　⑩ 12+6＝18
⑪ 16+2＝18　⑫ 14+1＝15

うんこ文章題に チャレンジ! 3
おとうさんが、うんこに シールを 13まい はりました。ぼくも 4まい はりました。あわせて なんまいの シールを うんこに はりましたか。

しき 13+4＝17
こたえ 17 まい

44

答え

9 すこし 大きい かずの たしざん②

きょうのせいせき まちがいが
😊 0-2こ よくできたね！
😐 3-5こ できたね
💩 6こ- がんばれ

💩 まちがえた けいさんは、できるように なるまで やりなおそう。

💩 たしざんを しましょう。

① 10＋6＝ **16**
② 14＋5＝ **19**
③ 13＋1＝ **14**　　④ 11＋5＝ **16**
⑤ 12＋4＝ **16**　　⑥ 17＋1＝ **18**
⑦ 10＋4＝ **14**　　⑧ 16＋3＝ **19**
⑨ 11＋1＝ **12**　　⑩ 14＋2＝ **16**
⑪ 15＋4＝ **19**　　⑫ 12＋3＝ **15**
⑬ 11＋7＝ **18**　　⑭ 15＋2＝ **17**
⑮ 10＋8＝ **18**　　⑯ 13＋4＝ **17**
⑰ 12＋5＝ **17**　　⑱ 11＋8＝ **19**

⑰

10 3つの かずの たしざん

きょうのせいせき まちがいが
😊 0-2こ よくできたね！
😐 3-5こ できたね
💩 6こ- がんばれ

💩 3つの かずの たしざんは、まえから じゅんばんに けいさんしよう。

💩 たしざんを しましょう。

① 1＋4＋2＝ **7**
1+4で 5
5+2で 7

② 3＋1＋3＝ **7**　　③ 2＋2＋4＝ **8**
④ 4＋4＋2＝ **10**　　⑤ 3＋3＋3＝ **9**
⑥ 1＋2＋1＝ **4**　　⑦ 1＋5＋3＝ **9**
⑧ 3＋2＋1＝ **6**　　⑨ 5＋2＋3＝ **10**
⑩ 3＋6＋1＝ **10**　　⑪ 2＋3＋2＝ **7**
⑫ 8＋1＋1＝ **10**　　⑬ 4＋3＋1＝ **8**
⑭ 2＋2＋2＝ **6**　　⑮ 1＋4＋5＝ **10**

⑲

うんこ先生からの

ちょうせんじょう 2

～うんこつなぎ～

1から じゅんばんに 💩 を →● で つなごう。

なにが できるかな？

💩 たしざんを しましょう。

① 6＋4＋3＝ **13**
6+4で 10
10+3で 13

② 3＋7＋7＝ **17**　　③ 9＋1＋4＝ **14**
④ 5＋5＋5＝ **15**　　⑤ 8＋2＋2＝ **12**
⑥ 2＋8＋6＝ **16**　　⑦ 7＋3＋1＝ **11**
⑧ 1＋9＋9＝ **19**　　⑨ 4＋6＋8＝ **18**

うんこ文章題に **チャレンジ！ 4**

うんこを あたまに 3こ，手のひらに 7こ，ひざに 4こ のせました。ぜんぶで なんこの うんこを からだに のせましたか。1つの しきに かいて こたえを もとめましょう。

しき **3＋7＋4＝14**

こたえ **14** こ

⑳

45

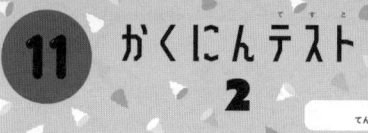

11 かくにんテスト 2

てん

今日のせいせき まちがいが
🐾 0〜2こ よくできたね!
🐾 3〜5こ できたね
💩 6こ〜 がんばれ

1 うんこの かずを □に かきましょう。 (1つ 2てん)

① 12
② 16
③ 19

2 かずが 大きい ほうの □に ○を かきましょう。 (1つ 2てん)

① 13 12 → ○ [ ]
② 18 20 → [ ] ○

3 □に あう かずを かきましょう。 (1つ 2てん)

① 10と 3で、13   ② 15は、10と 5

③ 17は、10 と 7

---

22 ページ

4 たしざんを しましょう。 (1つ 2てん)

① 10+3=13 ② 11+6=17 ③ 14+2=16
④ 16+3=19 ⑤ 11+3=14 ⑥ 12+1=13
⑦ 15+3=18 ⑧ 11+2=13 ⑨ 10+5=15
⑩ 12+7=19 ⑪ 13+2=15 ⑫ 10+4=14
⑬ 18+1=19 ⑭ 14+3=17 ⑮ 4+1+3=8
⑯ 3+1+2=6 ⑰ 3+4+3=10 ⑱ 7+2+1=10
⑲ 2+8+5=15 ⑳ 1+9+6=16 ㉑ 5+5+7=17
㉒ 3+7+9=19

5 つぎの 「せかいの ふしぎうんこ」の 名まえを □に かきましょう。 (40てん)

こたえ
しゃべる うんこ

---

23 ページ

12 くり上がりの ある たしざん①

今日のせいせき まちがいが
🐾 0〜2こ よくできたね!
🐾 3〜5こ できたね
💩 6こ〜 がんばれ

くり上がりの ある たしざんだよ。たされる かずが あと いくつで 10に なるかを かんがえよう。

1 たしざんを しましょう。

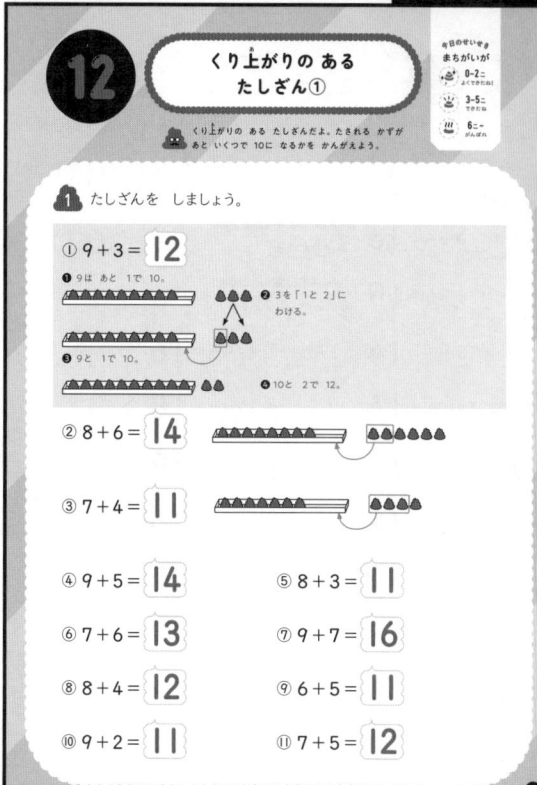

① 9+3=12

❶ 9は あと 1で 10。 ❷ 3を「1と 2」に わける。
❸ 9と 1で 10。 ❹ 10と 2で 12。

② 8+6=14
③ 7+4=11
④ 9+5=14 ⑤ 8+3=11
⑥ 7+6=13 ⑦ 9+7=16
⑧ 8+4=12 ⑨ 6+5=11
⑩ 9+2=11 ⑪ 7+5=12

---

24 ページ

2 たしざんを しましょう。

① 9+4=13 ② 8+5=13 ③ 6+6=12
④ 9+8=17 ⑤ 8+7=15 ⑥ 7+7=14
⑦ 8+8=16 ⑧ 9+6=15 ⑨ 7+6=13
⑩ 9+9=18 ⑪ 9+3=12 ⑫ 8+6=14

テストに出るうんこ

うんこ おとこ

ウツか ホントか!?

せかいの ふしぎ うんこ

うんこ おんなも いるのかしら!!!

4

答え

25 ページ

13 くり上がりの ある たしざん②

今日の せいせき まちがいが
🐾 0〜2こ＝ よくできたね！
🐾 3〜5こ＝ できたね！
💩 6こ〜 がんばれ

💩 くり上がる たしざんは、10を つくると けいさんしやすいよ。

1 たしざんを しましょう。

① $3 + 8 = 11$

② $5 + 7 = 12$

③ $8 + 9 = 17$

④ $4 + 7 = 11$ ⑤ $7 + 9 = 16$

⑥ $6 + 8 = 14$ ⑦ $6 + 7 = 13$

⑧ $7 + 8 = 15$ ⑨ $5 + 9 = 14$

⑩ $2 + 9 = 11$ ⑪ $4 + 8 = 12$

⑫ $5 + 6 = 11$ ⑬ $3 + 9 = 12$

25

26 ページ

2 たしざんを しましょう。

① $6 + 9 = 15$ ② $5 + 8 = 13$

③ $4 + 7 = 11$ ④ $7 + 9 = 16$

⑤ $3 + 9 = 12$ ⑥ $6 + 7 = 13$

⑦ $2 + 9 = 11$ ⑧ $5 + 6 = 11$

⑨ $7 + 8 = 15$ ⑩ $4 + 9 = 13$

⑪ $5 + 7 = 12$ ⑫ $3 + 8 = 11$

うんこ文章題に チャレンジ！ 5

おじさんが、じぶんの うんこを キーホルダーに して うって います。6円と 8円の ものを かいました。あわせて なん円でしたか。

しき $6 + 8 = 14$

こたえ 14 円

26

27 ページ

14 くり上がりの ある たしざん③

今日の せいせき まちがいが
🐾 0〜2こ＝ よくできたね！
🐾 3〜5こ＝ できたね！
💩 6こ〜 がんばれ

💩 くり上がりの ある たしざんは まちがえやすいよ。 なんかいも れんしゅうしよう。

1 たしざんを しましょう。

① $9 + 6 = 15$ ② $6 + 5 = 11$

③ $5 + 9 = 14$ ④ $7 + 7 = 14$

⑤ $3 + 8 = 11$ ⑥ $8 + 6 = 14$

⑦ $7 + 5 = 12$ ⑧ $8 + 8 = 16$

⑨ $6 + 8 = 14$ ⑩ $5 + 6 = 11$

⑪ $9 + 9 = 18$ ⑫ $4 + 8 = 12$

⑬ $8 + 5 = 13$ ⑭ $2 + 9 = 11$

⑮ $9 + 7 = 16$ ⑯ $8 + 9 = 17$

⑰ $4 + 7 = 11$ ⑱ $9 + 4 = 13$

⑲ $6 + 6 = 12$ ⑳ $8 + 3 = 11$

㉑ $7 + 4 = 11$ ㉒ $9 + 8 = 17$

27

28 ページ

うんこ先生からの **ちょうせんじょう 3**

〜どんな かお？〜

うんこ先生に いろいろな ものを たすと どう なるかな？ 下の ⓐ〜ⓒから えらんで、□に かこう。

① 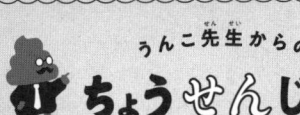 ＝ ⓘ

②  かみのけ ＝ ⓐ

どれに なるかな？

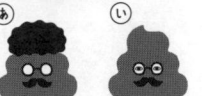 ⓐ   ⓘ ⓒ

えの たしざんを しよう！

28

47

15 大きい かず

今日の せいせき
まちがいが
🐾 0〜2こ　よくできたね!
🐾 3〜5こ　できたね!
🐾 6こ〜　がんばれ!

1 うんこの かずを □に かきましょう。

① 🐾🐾🐾🐾💩 ………… **42**

② 🐾🐾🐾🐾🐾🐾💩 …… **70**

2 □に あう かずを かきましょう。

① 10が 5こと 1が 3こで，**53**

② 10が 10こで，**100**

③ 69は，10が **6** こと 1が **9** こ

④ 80は，10が **8** こ

3 かずが 大きい ほうの □に ◯を かきましょう。

① **45 54**
　[ ] [◯]

② **90 100**
　[ ] [◯]

4 下の かずのせんを つかって，□に あう かずを かきましょう。

100　　110　　120

① 100より 3 小さい かずは **97**

② 110より 7 大きい かずは **117**

③ 116より 5 小さい かずは **111**

④ 118より 4 大きい かずは **122**

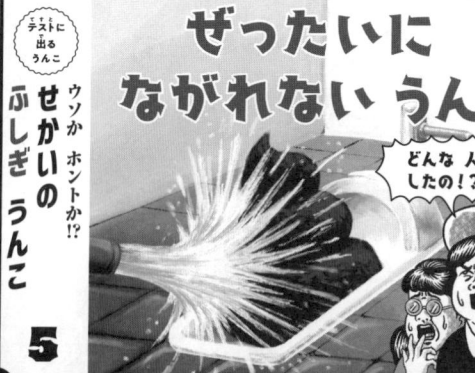

テストに出る うんこ
ウソか ホントか!? せかいの ふしぎ うんこ

ぜったいに ながれない うんこ

どんな 人が したの!?!?

5

16 大きい かずの たしざん①

今日の せいせき
まちがいが
🐾 0〜2こ　よくできたね!
🐾 3〜5こ　できたね!
🐾 6こ〜　がんばれ!

1 たしざんを しましょう。

① 50＋20 ＝ **70**

10の まとまり 5こと 2こを あわせる。
🐾🐾🐾🐾🐾 ✕ 🐾🐾
10の まとまりが 7こで 70。

② 20＋10 ＝ **30**　　③ 70＋30 ＝ **100**

④ 30＋50 ＝ **80**　　⑤ 60＋40 ＝ **100**

2 たしざんを しましょう。

① 30＋2 ＝ **32**　　30と 2を あわせる。🐾🐾🐾✕💩💩

② 60＋4 ＝ **64**　　③ 20＋6 ＝ **26**

④ 50＋1 ＝ **51**　　⑤ 80＋7 ＝ **87**

3 たしざんを しましょう。

① 40＋50 ＝ **90**　　② 20＋20 ＝ **40**

③ 60＋8 ＝ **68**　　④ 40＋9 ＝ **49**

⑤ 30＋5 ＝ **35**　　⑥ 50＋50 ＝ **100**

⑦ 20＋9 ＝ **29**　　⑧ 30＋60 ＝ **90**

⑨ 80＋20 ＝ **100**　　⑩ 30＋8 ＝ **38**

⑪ 90＋10 ＝ **100**　　⑫ 70＋1 ＝ **71**

テストに出る うんこ
ウソか ホントか!? せかいの ふしぎ うんこ

きみも「せかいの ふしぎうんこ」を かんがえて みよう!

● かんがえた「せかいの ふしぎうんこ」の 名まえ
れい 子どもを うむ うんこ

● せりふを かこう!　　● えを かこう!

うんこがどんどん ふえていくの!?

答え

17 大きい かずの たしざん②

今日のせいせき まちがいが
🐾 0〜2こ よくできたね！
🐾 3〜5こ できたね
💩 6こ〜 がんばれ

💩 大きい かずの けいさんは、なん十いくつを 「なん十」と 「いくつ」に わけて かんがえよう。

💩 たしざんを しましょう。

① 23 + 3 = **26**

23を「20と 3」に わける。

💩💩💩

3と 3を あわせて 6。

💩💩💩💩💩💩 ◁💩💩💩
10 10

20と 6で 26。

② 35 + 1 = **36** 💩💩💩💩💩💩 ◁💩
10 10 10

③ 42 + 5 = **47** 💩💩💩💩💩 ◁💩💩💩💩💩
10 10 10 10

④ 55 + 2 = **57**　　⑤ 81 + 8 = **89**

⑥ 32 + 3 = **35**　　⑦ 57 + 1 = **58**

⑧ 93 + 6 = **99**　　⑨ 66 + 2 = **68**

18 大きい かずの たしざん③

今日のせいせき まちがいが
🐾 0〜2こ よくできたね！
🐾 3〜5こ できたね
💩 6こ〜 がんばれ

💩 まちがえた けいさんは、できるように なるまで なんども れんしゅうしよう。

💩 たしざんを しましょう。

① 40 + 30 = **70**　　② 87 + 2 = **89**

③ 25 + 3 = **28**　　④ 65 + 4 = **69**

⑤ 52 + 6 = **58**　　⑥ 20 + 40 = **60**

⑦ 50 + 4 = **54**　　⑧ 92 + 7 = **99**

⑨ 41 + 7 = **48**　　⑩ 30 + 70 = **100**

⑪ 20 + 80 = **100**　　⑫ 45 + 3 = **48**

⑬ 54 + 2 = **56**　　⑭ 60 + 1 = **61**

⑮ 42 + 2 = **44**　　⑯ 70 + 7 = **77**

⑰ 70 + 20 = **90**　　⑱ 50 + 6 = **56**

⑲ 22 + 2 = **24**　　⑳ 40 + 60 = **100**

㉑ 75 + 4 = **79**　　㉒ 90 + 6 = **96**

💩 たしざんを しましょう。

① 31 + 8 = **39**　　② 27 + 2 = **29**

③ 53 + 5 = **58**　　④ 75 + 1 = **76**

⑤ 63 + 6 = **69**　　⑥ 82 + 4 = **86**

⑦ 95 + 4 = **99**　　⑧ 55 + 3 = **58**

⑨ 22 + 6 = **28**　　⑩ 64 + 2 = **66**

⑪ 94 + 3 = **97**　　⑫ 48 + 1 = **49**

うんこ文章題に チャレンジ！ 6

うんこを 34こ つかって ベッドを つくりました。
うんこを 5こ つかって まくらを つくりました。
あわせて なんこの うんこを つかいましたか。

(しき) **34 + 5 = 39**

(こたえ) **39** こ

うんこ先生からの

ちょうせんじょう 4

〜うんこけしゲーム〜

うんこが たくさん おちて いる！ この うんこは 2つ あわせて 10に すると けす ことが できるよ。うんこを すべて けそう。

れい
3 7 7 3
2 8 8 2

たてでも よこでも けせるのじゃ！

1	8	2	9	1
9	5	5	7	6
3	7	6	3	4
6	1	9	2	
4	5	9	2	8
8	2	1	7	3

37ページ

⑲ **かくにんテスト 3**

今日のせいせき まちがいが
🥢 0~2こ よくできたね！
🐾 3~5こ てきたね
♨ 6こ～ がんばれ

てん

1 たしざんを しましょう。 (1つ 2てん)

① 9+3 = 12　② 8+4 = 12　③ 7+7 = 14

④ 5+6 = 11　⑤ 9+4 = 13　⑥ 8+8 = 16

⑦ 8+3 = 11　⑧ 4+7 = 11　⑨ 6+6 = 12

⑩ 7+5 = 12　⑪ 8+6 = 14　⑫ 2+9 = 11

⑬ 9+7 = 16　⑭ 5+8 = 13　⑮ 5+9 = 14

⑯ 7+6 = 13　⑰ 8+9 = 17　⑱ 7+8 = 15

⑲ 6+5 = 11　⑳ 9+9 = 18　㉑ 3+9 = 12

㉒ 6+8 = 14　㉓ 9+6 = 15　㉔ 7+4 = 11

37

38ページ

2 かずが 大きい ほうの ▢に ○を かきましょう。 (1つ 2てん)

① **52** **47**　② **100** **110**
　○ ▢　　　　▢ ○

3 たしざんを しましょう。 (1つ 2てん)

① 60+30 = 90　② 88+1 = 89　③ 44+5 = 49

④ 90+9 = 99　⑤ 25+2 = 27　⑥ 80+20 = 100

⑦ 40+8 = 48　⑧ 83+1 = 84　⑨ 56+2 = 58

⑩ 61+6 = 67　⑪ 70+30 = 100　⑫ 45+4 = 49

⑬ 80+6 = 86　⑭ 50+50 = 100

4 つぎの かげは、どちらの 「せかいの ふしぎうんこ」ですか。 (20てん)

　あ うんこ おとこ
　い ぜったいに ながれない うんこ

39ページ

⑳ **まとめテスト**
1年生の たしざん

今日のせいせき まちがいが
🥢 0~2こ よくできたね！
🐾 3~5こ てきたね
♨ 6こ～ がんばれ

てん

1 たしざんを しましょう。 (1つ 2てん)

① 4+2 = 6　② 7+1 = 8　③ 6+3 = 9

④ 2+2 = 4　⑤ 5+0 = 5　⑥ 9+1 = 10

⑦ 3+4 = 7　⑧ 0+7 = 7　⑨ 6+4 = 10

⑩ 4+5 = 9　⑪ 10+4 = 14　⑫ 13+3 = 16

⑬ 12+7 = 19　⑭ 10+5 = 15　⑮ 11+6 = 17

⑯ 14+3 = 17　⑰ 2+3+4 = 9　⑱ 5+1+2 = 8

⑲ 6+2+2 = 10　⑳ 3+4+3 = 10

㉑ 7+3+7 = 17　㉒ 2+8+5 = 15

㉓ 5+5+8 = 18　㉔ 9+1+2 = 12

39

40ページ

2 たしざんを しましょう。 (1つ 2てん)

① 5+8 = 13　② 9+5 = 14　③ 7+8 = 15

④ 9+6 = 15　⑤ 5+7 = 12　⑥ 7+7 = 14

⑦ 6+8 = 14　⑧ 9+2 = 11　⑨ 30+20 = 50

⑩ 70+9 = 79　⑪ 71+5 = 76　⑫ 40+40 = 80

⑬ 33+4 = 37　⑭ 20+5 = 25

⑮ 60+40 = 100　⑯ 42+7 = 49

⑰ 80+5 = 85　⑱ 56+3 = 59

3 つぎの うち、「せかいの ふしぎうんこシリーズ」に 出て こなかったのは どれですか。 (16てん)

あ ぜったいに ながれない うんこ

い 天まで とどく うんこ

う けむくじゃらの うんこ

え しゃべる うんこ

40

けいさん
などで
じゆうに
つかおう！

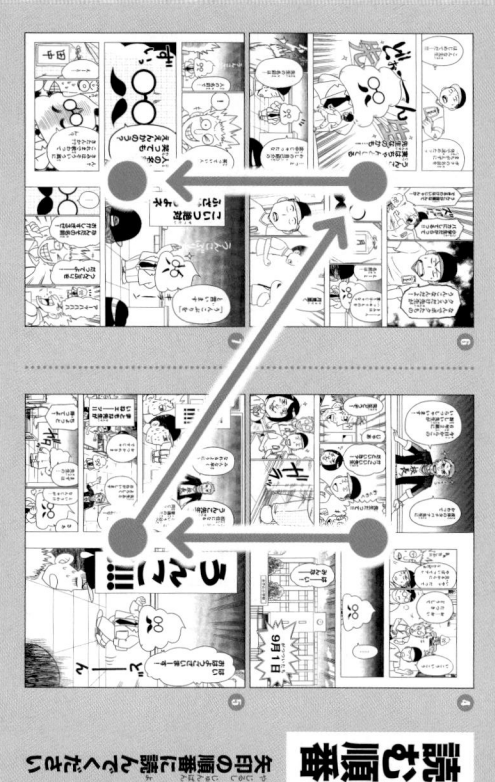

← ではここから！「おはよう！うんこ先生」第1話スタートです！

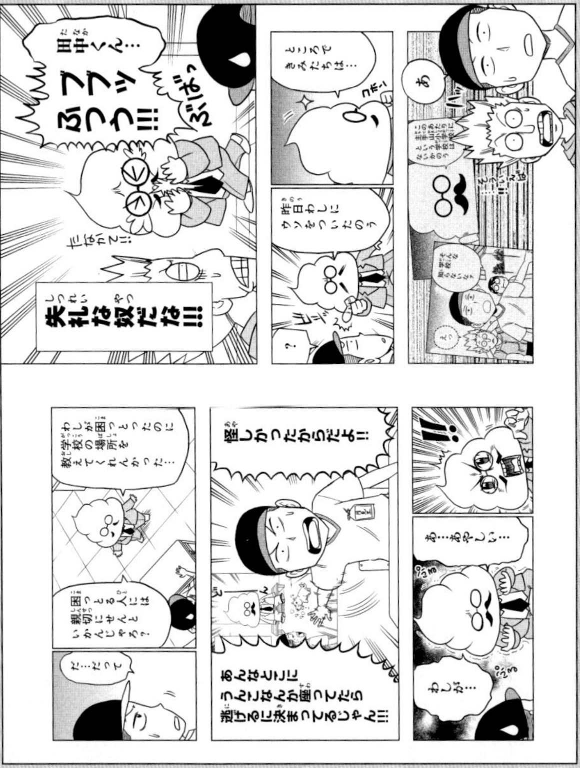

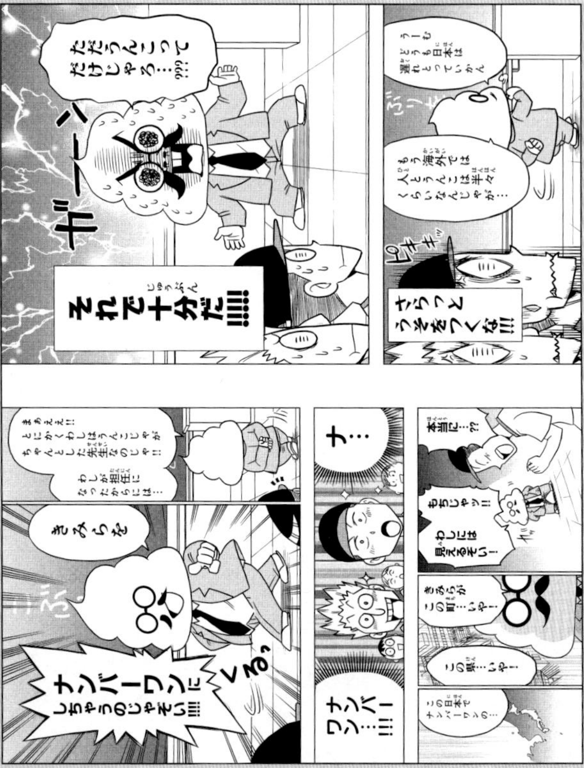

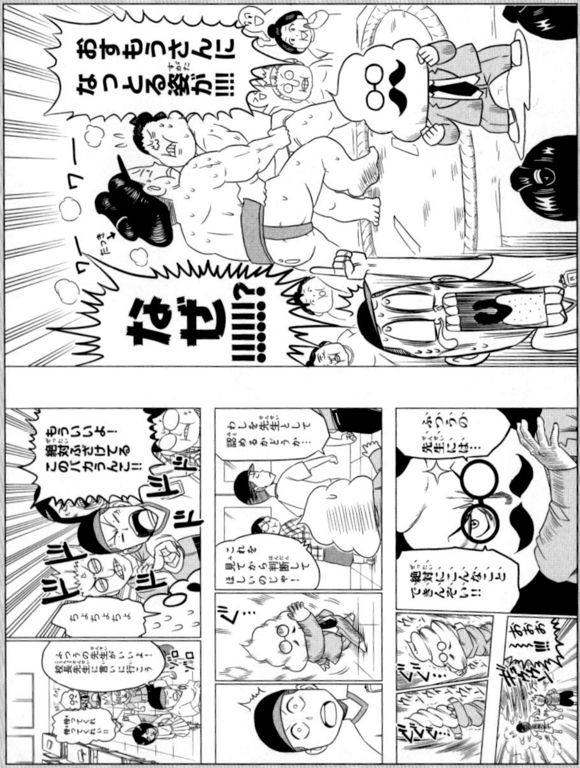

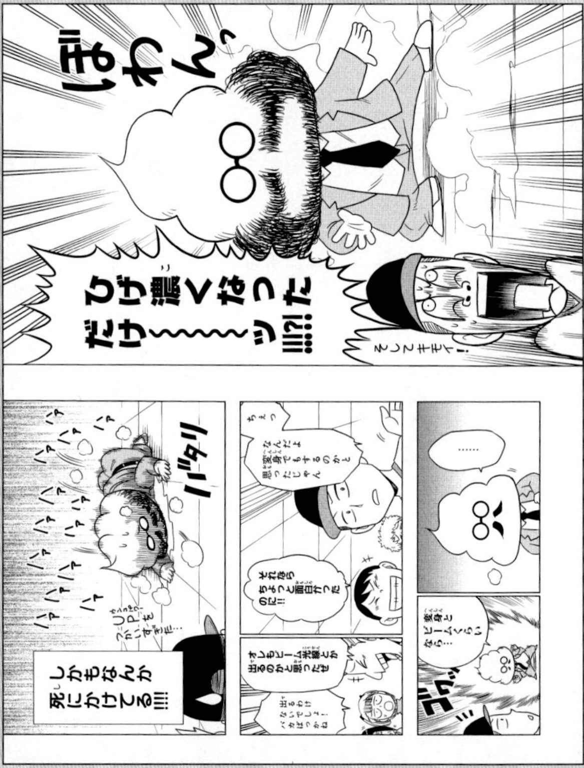

クリアファイル

したじき

うんこドリル
セット 購入者 **限定！**
学習に役立つ
特別 **ふろく付き**

シール付
うんこノート

↓ ご購入は各QRコードから ↓

小学**1**年生	小学**2**年生	小学**3**年生

漢字セット

漢字セット 2冊 	**漢字セット** 2冊 	**漢字セット** 2冊 
かん字/かん字もんだいしゅう編	かん字/かん字もんだいしゅう編	漢字/漢字問題集編

算数セット

算数セット 3冊	**算数セット** 4冊 	**算数セット** 4冊 
たしざん/ひきざん 文しょうだい	たし算/ひき算/かけ算 文しょうだい	たし算・ひき算/かけ算 わり算/文章題

オールインワンセット

\全部入り！/

オールインワンセット 7冊 	**オールインワンセット** 8冊 	**オールインワンセット** 8冊 
かん字/かん字もんだいしゅう編 たしざん/ひきざん/文しょうだい アルファベット・ローマ字/英単語	かん字/かん字もんだいしゅう編 たし算/ひき算/かけ算/文しょうだい アルファベット・ローマ字/英単語	漢字/漢字問題集編/たし算・ひき算 かけ算/わり算/文章題 アルファベット・ローマ字/英単語

※セットによって特別ふろくの内容は異なります。

うんこワールドをのぞいてみよう!

登録不要・無料

world.unkogakuen.com

うんこワールド

---

1 学校じゃ教えてくれない "生きていく上で大切な知識" をゲームで学ぼう!
キミはいくつクリアできる?

地震

台風

SDGs

安全

お金

ゲームをクリアして
うんこをコレクションしよう!

---

2 「うんこ例文タイピング」で
タイピング練習・
英単語学習もできる!

---

3 反復学習の全く新しいカタチ!
小学3〜6年生向け学習教材
「うんこゼミ」が体験できる!

国語 算数 理科 社会 ＋ 英語 教養

くわしい内容や
費用はこちら